直角、锐角、钝角

角的知识

贺 洁 薛 晨◎著 徐彦琪◎绘

北京科学技术出版社

鼠老师有句口头禅："你可真是个淘气的鼠宝贝！"鼠宝贝们几乎都得到过这样的评价。于是，他们也偷偷称呼鼠老师为"淘气老师"。嘘——可别让鼠老师听见了！

这节数学课要学习“角”。鼠老师没有讲课本上的内容，而是让大家走出教室。

“大家去校园里找一找角，把它们带到教室里来吧。”

角？虽然平时经常说起，但找带角的物品没那么容易！鼠宝贝们带着问题出发了。

美丽鼠和学霸鼠去了图书馆。他俩想先查一查《数学词典》，了解一下“角”的概念。

这个概念有点儿难，他俩查完词典还是不明白。

勇气鼠刚走出教室，就听见旁边的教室里传来生日歌。原来，小青蛙班有一个青蛙宝贝正在过生日呢！

勇气鼠灵机一动，冲进教室，端起桌子上的蛋糕就跑："借用一下，一会儿就还给你们！"

"呱！呱！呱！"小青蛙班仿佛炸开了锅。

倒霉鼠从教室走到餐厅，从操场跑到游泳馆，什么也没找到。正当他急得满头大汗时，一片金黄色的银杏叶落到了他的头上。

捣蛋鼠和懒惰鼠并没有去找角，而是去抓苍蝇三兄弟了。

苍蝇三兄弟总趁大家上课时飞到餐厅偷吃东西。这次，他们刚落在比萨上，就被捣蛋鼠拍晕了。

鼠宝贝们陆续回到了教室，学霸鼠和美丽鼠什么也没带回来。

“咦，你们俩什么角也没找到吗？”鼠老师感到很奇怪。

美丽鼠走到讲台上:“老师，我们找到角了，就在您的身后。”

学霸鼠补充道:“是的，老师，您身后的三角板上就有角，有三个角呢!

鼠老师点点头，用三角板在黑板上画出一个角。
“三角板的三个角中有一个特殊的角，它叫直角。”

“大家看，我找到的角！这片银杏叶上是不是有两个角？”倒霉鼠迫不及待地说。其他鼠宝贝却都摇头。

倒霉鼠不知道问题出在哪儿。学霸鼠耐心地解释道："角是由一个顶点和两条边组成的。但银杏叶的边不是射线，所以这不能算是数学里要研究的角。"

“快看看我找到的角！”勇气鼠把蛋糕放到讲台上，然后切下一块蛋糕。角出现了！“角还可以变化，大家看！”他在这块蛋糕上又切了一刀，一个大角变成了两个小角。

轮到捣蛋鼠和懒惰鼠发言了。“我们想象一下，把苍蝇三兄弟用两条直线连起来，把中间的一只苍蝇当作顶点，就可以组成一个‘角’。大家看，这个‘角’的两条边张开的程度比直角的要大。”

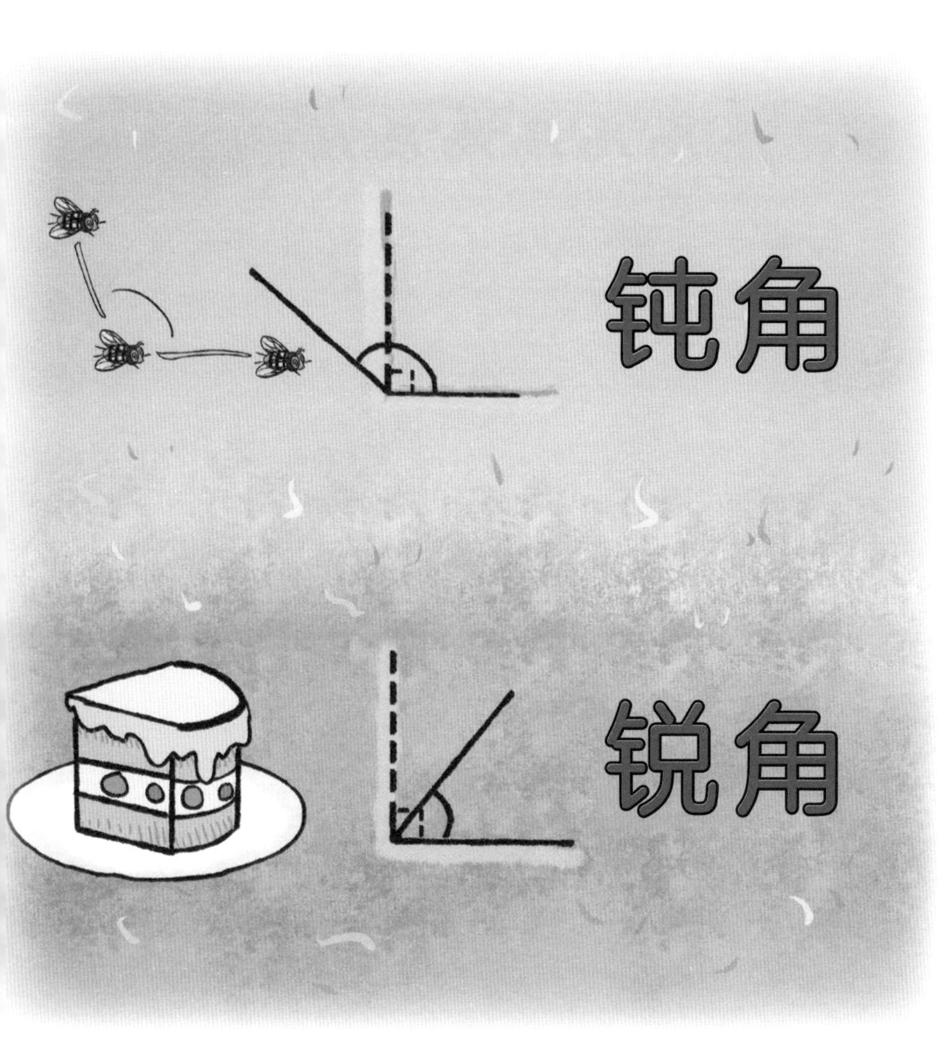

这时，鼠老师说："鼠宝贝们，你们说的都很好。这里用苍蝇三兄弟摆出来的、两条边张开的程度比直角大的角，叫作钝角。这块蛋糕上的角两条边张开的程度比直角小的角，叫作锐角。

“你们能找到这么多角，真是太棒了！其实，我们身边还有很多角。黑板是长方形的，数一数，长方形有几个角呢？教室里有两个三角板，观察一下，这两个三角板上的角有什么特点呢？”

这些问题可难不倒鼠宝贝们。

鼠老师带着大家一边画图，一边寻找答案——长方形的四个角都是直角！

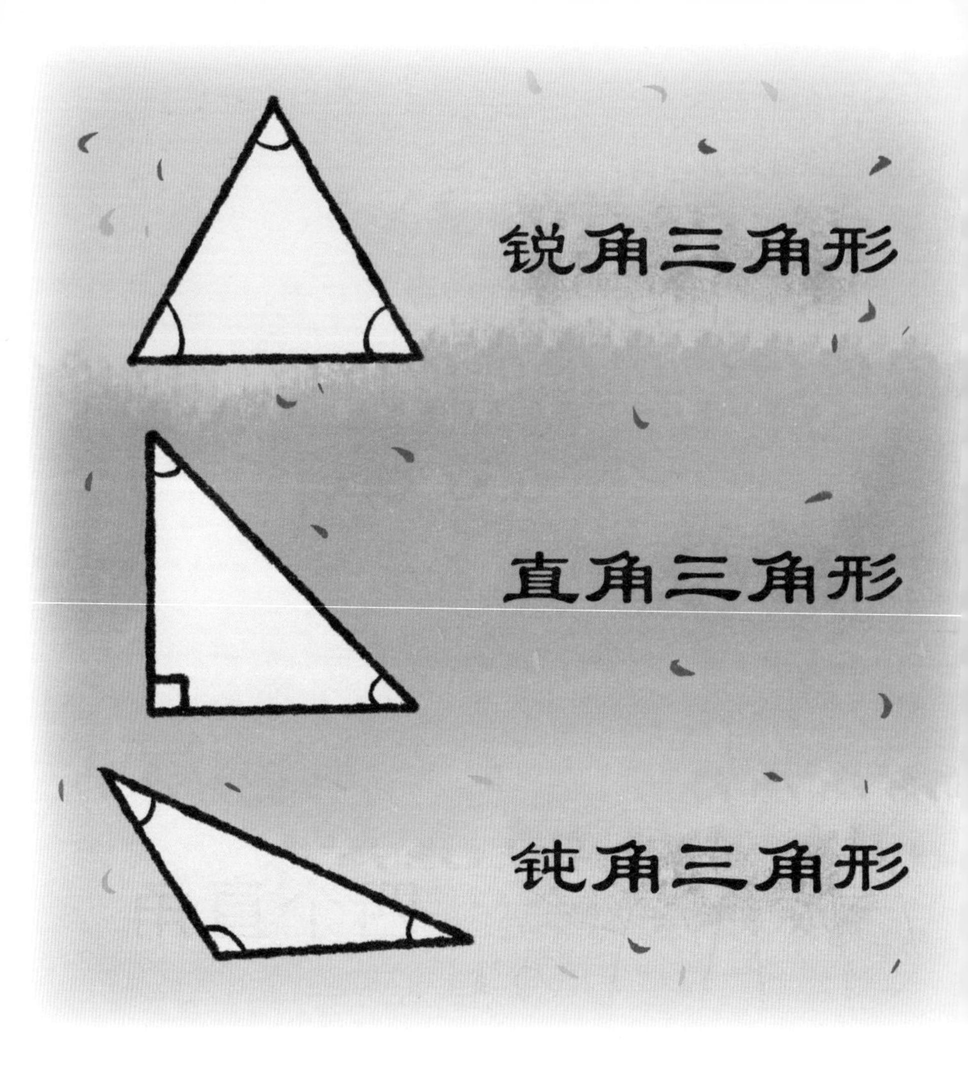

三角形有三个角：如果三个角都是锐角，这样的三角形就叫锐角三角形；如果有一个角是直角，这个三角形就叫直角三角形；如果有一个角是钝角，这个三角形就叫钝角三角形。

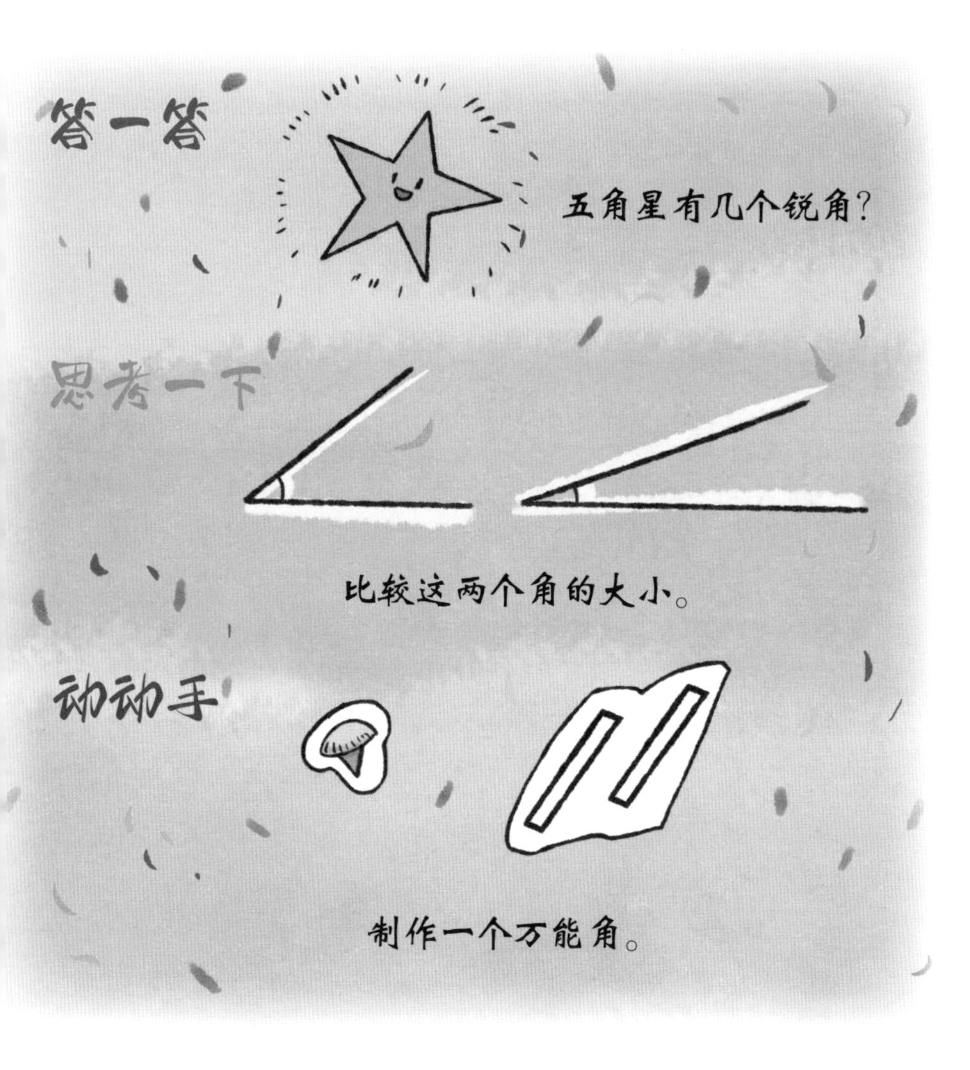

要下课了，淘气老师留了几道有趣的思考题。

问题一：五角星有几个锐角？

问题二：比较图中两个角的大小。

问题三：你能用一颗图钉和两张长方形小纸条制作一个能调整角度大小的万能角吗？

“老师，我知道！”“老师，我来！”
鼠宝贝们兴奋地举起手，想要回答问题。

淘气的鼠老师却说："咱们先下课吧！"
可是，教室的前门已经被青蛙宝贝们堵住了！

找角大冒险

认识角

生活中，我们经常能看到各种角。

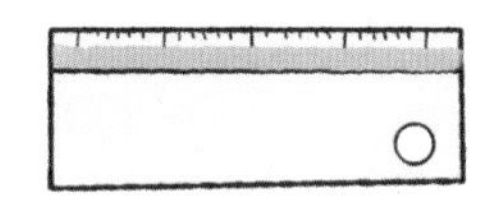

角是由一个顶点和两条边组成的。

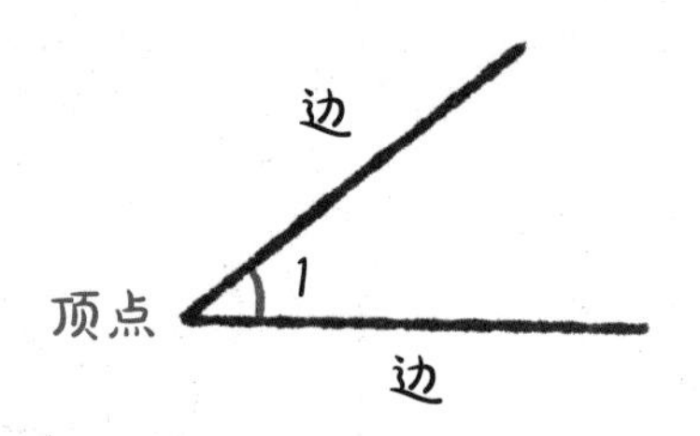

记作“∠1”
读作“角 1”

根据上面的提示，用尺子画一个角吧！

找角大冒险

从你身边找出 5 个直角、5 个锐角和 5 个钝角，请爸爸妈妈帮你确认一下找得对不对。现在就开始吧！